BEI GRIN MACHT SICH IHR WISSEN BEZAHLT

- Wir veröffentlichen Ihre Hausarbeit,
  Bachelor- und Masterarbeit

- Ihr eigenes eBook und Buch -
  weltweit in allen wichtigen Shops

- Verdienen Sie an jedem Verkauf

Jetzt bei www.GRIN.com hochladen
und kostenlos publizieren

Bibliografische Information der Deutschen Nationalbibliothek:

Die Deutsche Bibliothek verzeichnet diese Publikation in der Deutschen National-
bibliografie; detaillierte bibliografische Daten sind im Internet über http://dnb.d-
nb.de/ abrufbar.

Impressum:

Copyright © 2016 GRIN Verlag, Open Publishing GmbH
Druck und Bindung: Books on Demand GmbH, Norderstedt Germany
ISBN: 9783668264328

Dieses Buch bei GRIN:

http://www.grin.com/de/e-book/336497/sackgasse-energieversorgung-kann-kern-
fusion-unsere-energieversorgung-sichern

Stefan Werderitsch

Sackgasse Energieversorgung. Kann Kernfusion unsere Energieversorgung sichern?

GRIN Verlag

Oberstufenrealgymnasium
der Franziskanerinnen von Vöcklabruck

Sackgasse Energieversorgung

Kann Kernfusion unsere Energieversorgung sichern?

VORWISSENSCHAFTLICHE ARBEIT

Gmunden, 24. Februar 2016

<u>Abstract</u>

Energieversorgung wird immer wieder von Zeitungen und in EU-Diskussionen aufgegriffen. Da sie ein so aktuelles Thema ist und immer wieder mit der „unendlichen" Energie der Kernfusion in Zusammenhang gebracht wird, habe ich mich entschieden, diese genauer unter die Lupe zu nehmen. Die Frage, welche ich mir für meine Arbeit gestellt habe, ist, ob Kernfusion einmal die Energieversorgung der Zukunft sichern kann? Der erste Abschnitt befasst sich mit aktuellen Energieversorgung und der Problematik der derzeitigen Energiequellen. Im zweiten Teil der Arbeit wird die Kernfusion, der Aufbau eines Reaktors, die Funktionsweise der Kernfusion und der Unterschied zur Kernspaltung genauer erläutert. Die wichtigste Schlussfolgerung, welche ich durch meine Arbeit gewonnen habe, ist, dass Kernfusion sicherlich einen großen Teil der Energie auf lange Sicht erzeugen könnte. Allerdings wird dies erst möglich sein wenn die aktuellen Energiequellen bereits zu Ende sind und die Menschheit daher stark über die Art und Weise ihres Energiekonsums nachdenken sollte. Die gesamte Arbeit ist eine literarische Arbeit, da Experimente aufgrund dieser Themenstellung nicht möglich sind. Die zum Verfassen der Arbeit notwendigen Daten werden ausschließlich Büchern und diversen Internetquellen entnommen.

<u>**Vorwort**</u>

„Die Erkenntnis meines Lebens ist, dass man gegen die Atomenergie sein muss"[1] – ist ein Zitat von Bruno Kreisky. Er ist der Meinung, dass Atomenergie gänzlich gestoppt werden sollte. Zu Beginn meiner Arbeit war meine Ansicht ebenfalls gegen Atomenergie, allerdings wurde ich aufgrund des Schreibens dieser Arbeit meine Ansicht zur Atomenergie gänzlich gewandelt. Allgemein ist die Energieversorgung in den letzten Jahren immer wichtiger geworden. Letztendlich bewegte mich ein Zeitungsartikel dazu, dass Thema der Atomenergie und ihren Einfluss auf die Energieversorgung für die Zukunft für meine VWA im Rahmen der Matura auszuwählen.

Ebenfalls möchte ich hier meinem Betreuungslehrer Mag. Felix Urthaler danken, welcher mich tatkräftig bei jeglichen Fragen unterstützt hat.

Darüber hinaus möchte ich darauf hinweisen, dass jegliche Begriffe, welche nicht gegendert wurden natürlich für beide Geschlechter gelten und dies keineswegs eine Diskriminierung darstellen soll.

---

[1] http://gutezitate.com/zitat/107522 (18.01.2016)

Inhalt

1.Einleitung

Wie lange wird unsere Energie noch reichen? Brauchen wir neue Energiequellen? Wird uns der Strom vielleicht sogar ausgehen? Einfache Fragen, von denen fast jeder glaubt mehr oder weniger wissenschaftlich beantworten zu können. In meiner Arbeit werde ich die aktuelle Energieversorgungsproblematik genau analysieren, eingehen und eroieren, ob die Kernfusion das Versorgungsproblem, welches aus dem ständig ansteigenden Energieverbrauch der Bevölkerung resultiert, lösen kann. Es werden sowohl Daten aus Europa-28 (Mitgliedsstaaten der EU) und gleichzeitig Österreichdaten verwendet. In der Arbeit wird allerdings auf manche Teilbereiche nur sehr grob eingegangen, da sie es aufgrund der Länge nicht möglich ist, diese genauer zu bearbeiten. Ob Kernfusion diese Probleme nun lösen kann, wird in dieser Arbeit beantwortet.

2. Allgemein

2.1 Warum ein Umdenken notwendig wird

Die Dauer, wie lange die, für unsere Energieversorgung wichtigsten Energieträger noch den Bedarf decken können, ist schockierend. Laut Schätzungen aus dem Jahr 2009 soll das Erdgas in ca. 40 Jahren den Bedarf nicht mehr decken können. Erdöl wird bereits in den nächsten 10 Jahren den Höhepunkt der Förderung erreicht haben und Uran der derzeit wichtigste Energieträger der EU-28, soll in rund 65 Jahren nicht mehr zur Verfügung stehen.[2]

2.1.1 Aktuelle Energieversorgung in der EU

Der derzeitige Energieverbrauch wird hauptsächlich durch fünf verschiedene Energieträger gedeckt. Der Hauptversorger ist derzeit die Kernenergie mit 28,7%, gefolgt von erneuerbaren Energien mit 24,3% und festen Brennstoffen (z.B. Kohle) mit 19,7%. Die Schlusslichter bilden Erdgas mit 16,7% und Rohöl mit 9,1 %. Einen sehr kleinen Teil mit 1,5% machen sonstige Energieträger aus.[3]Im Jahr 2013 wurden allein 1666,3 Millionen Tonnen Öl benötigt. Den absoluten Spitzenwert beim Ölverbrauch weist Deutschland mit 324,3Millionen Tonnen auf.

[2] vgl.: http://www.sueddeutsche.de/wissen/bodenschaetze-wie-lange-noch-1.166639-5 (09.01.2016)
[3] vgl.: http://ec.europa.eu/eurostat/statistics-explained/images/6/68/Production_of_primary_energy%2C_EU-28%2C_2013_%28%25_of_total%2C_based_on_tonnes_of_oil_equivalent%29_YB15-de.png (09.01.2016)

Österreich befindet sich im Mittelfeld mit 33,8 Millionen Tonnen.[4] Außerdem wurden 307.779 Kilotonnen Kohle benötigt, obwohl nur 108.608 Kilotonnen im Jahr 2013 gefördert werden konnten.[5]

2.1.2 Aktuelle Energieversorgung in Österreich

Österreich hat im Vergleich zu vielen anderen EU-28 Staaten einen großen Vorteil in der Energieversorgung. Aufgrund der nahezu perfekten geografischen Lage ist es für Österreich möglich, auf Kernenergiereaktoren zu verzichten. Allerdings ist auch in Österreich der Brutto-inlandsverbrauch seit 1990 bis 2010 um 39% gestiegen. Das bedeutet eine jährliche Steige-rung in diesem Zeitraum von ca. 1,6%. Der derzeitige Hauptenergieverbraucher ist der Ver-kehrssektor aufgrund der ansteigenden Mobilität. Dieser hat mit 76% Zuwachs den höchsten Anteil am Gesamtanstieg des Energieverbrauchs. In Österreich werden allerdings noch immer ca. 71% des Bruttoinlandsverbrauchs mit fossilen Brennstoffen gedeckt. Dieser Prozentsatz beinhaltet ebenfalls die Produktion von Benzin und Diesel.[6]

Denn in Sachen Stromerzeugung hat Österreich mit einem Anteil von 67% an Wasserkraft mit Abstand den höchsten Wert in der EU. Allerdings werden bei diesem Prozentsatz jene Roh-stoffe nicht miteinberechnet, welche zum Beispiel für Kraftstoff oder z.B. Ölheizungen ver-wendet werden.[7]

Gesamtenergieträger in %:

- Erdöl und Erdölprodukte 38%

- Gas 24%

- Kohle 10%

- Erneuerbare Energien 26%

- Brennbarer Abfall 2%

- Import elektrischer Energie 1%[8]

[4] vgl.:http://ec.europa.eu/eurostat/statisticsexplained/index.php/File:Gross_inland_consumption_of_energy,_1990 %E2%80%932013_%28million_tonnes_of_oil_equivalent%29_YB15-de.png(09.01.2016)
[5] vgl.: http://de.statista.com/infografik/2338/brutto-verbrauch-und-foerderung-von-steinkohle-in-der-eu-in-kilotonnen/ (09.01.2016)
[6] vgl.: http://www.umweltbundesamt.at/umweltsituation/energie/energie_austria/aufteilung (12.12.15)
[7] vgl.: oesterreichsenerige.at/daten-fakten/statistik/stromerzeugung.html (27.08.15)
[8] vgl.: www.umweltbundesamt.at/umweltsituation/energie/energie_aufteilung (12.12.15)

Im Jahr 2011 überstieg der Wert des Stromexports den Wert des Stromimports. Der Nettoimport 2011 betrug 8.200 GWh. Der Großteil der Importe stammt aus Deutschland und der Tschechischen Republik. Da in beiden Ländern Atomkraftwerke betrieben werden, ist die Aussage nicht korrekt, dass es in Österreich keine Atomkraft gibt. Der importierte Strom kann genauso aus Atomkraftwerken stammen. Die lückenlose Kontrolle, welcher Kraftwerkstyp den Strom erzeugt, ist nahezu unmöglich.[9]

2.2 Ein Überblick über die aktuellen Energiequellen

In diesem Abschnitt werden die aktuellen Energieträger und die Probleme der derzeitig hauptsächlich verwendeten Energiequellen analysiert. Auf die Bereiche Kernfusion und Atomkraft, wird in einem späteren Teil der Arbeit noch genauer eingegangen.

2.2.1 Kohle

Weltweit ist der Verbrauch von Kohle um 70 % angestiegen - auf insgesamt 7700 Millionen Tonnen. Allgemein deckt Kohle 30% des globalen Energiebedarfs, bei der Stromproduktion sind es sogar 40%. Die Vorteile sind schnell erklärt: Kohle ist sehr günstig; eine Kilowattstunde kostet zwischen 3 und 3,5 Cent. Außerdem ist Kohle global verteilt, somit kann kein Land ein Monopol bilden und als Resultat ist der Preis nahezu konstant. Das Problem von Kohle ist nicht das Vorkommen, wie viele behaupten, sondern das Deponieren von CO_2. Es gäbe zwar 12.000 Milliarden Tonnen Kohlenstoff in Form von Kohle, es können allerdings nur 230-280 Milliarden Tonnen verbrannt werden. Dies hat einen ganz einfachen Grund: der Treibhauseffekt. Damit ist Kohle keine langfristige Lösung.[10]

2.2.2 Erdöl

Erdöl entsteht aus abgestorbenem Plankton, welcher sich unter hohem Druck über einen langen Zeitraum umwandelt. Direkt nach der Gewinnung ist das Erdöl noch zähflüssig und schwarz. In diesem Rohzustand kann es noch nicht verwendet werden. Darüber hinaus ist die Suche von Lagerstätten sehr aufwändig und teuer. Nachdem das Rohöl zu Tage gefördert wurde, muss es zuerst gereinigt werden, bevor es zu Heizöl oder Benzin weiterverarbeitet

---

[9] vgl.: http://www.umweltbundesamt.at/umweltsituation/energie/energie_austria/ (12.12.15)
[10] vgl.: http://www.spiegel.de/wissenschaft/natur/kohle-wird-wichtigster-energietraeger-der-welt-noch-vor-oel-a-946168.html (21.01.2016)

werden kann. Die Vorteile sind, dass Erdöl eine hohe Anzahl an verschieden Verwendungs-
möglichkeiten aufweist. Außerdem verursacht Öl eine geringere Umweltverschmutzung als
Kohle. Der große Nachteil ist allerdings, dass Erdöl nur begrenzte Vorkommen aufweist. Daher wird das Erdöl in absehbarer Zeit von ca. 40 Jahren verbraucht sein und erneut Millionen
Jahre brauchen um natürlich zu entstehen.[11]

2.2.3 Erdgas

Erdgas entsteht unter nahezu denselben Bedingungen wie Erdöl. Es ist allerdings auch in von
Erdöl getrennten Lagerstätten vorhanden. Der große Vorteil von Erdgas ist, dass es einen sehr
hohen Wirkungsgrad (Verhältnis von zugeführter Energie bei der Produktion zur Energie
welche gewonnen wird, je höher der Wirkungsgrad umso größer der Gewinn[12]) hat, da es
vollständig verbrennt. Ebenso ist es ein wichtiger Bestandteil bei der Herstellung von vielen
Produkten (z.B Biogas). Allerdings hat Erdgas auch Nachteile. Einer davon ist, dass es erst
stark komprimiert werden muss, bevor es transportiert werden kann. Ebenfalls besteht bei Gas
jederzeit die Gefahr einer Gasexplosion.[13]

2.2.4 Solarenergie

Die Sonnenenergie zählt zu den regenerativen Energiequellen. In diese Art der Energiegewin-
nung wird große Hoffnung gesetzt, da sie in den verschiedensten Formen (Solarkraftwerke,
Photovoltaik, etc.) genutzt werden kann. Die jährliche Energiemenge, welche durch Strahlung
von der Sonne auf die Erde geworfen wird, übertrifft die Energie der auf der Erde vorhande-
nen fossilen Brennstoffe um das zehnfache. Die Vorteile von Solarenergie sind vielfältig: Sie
ist ein „sauberer“, „politisch sicherer“ und regenerativer Energieträger. Es werden keine
Emissionen erzeugt und sie ist nahezu unbegrenzt vorhanden. Allerdings gibt es auch mehrere
gravierende Nachteile. Die Sonne scheint im Sommer am stärksten, wobei in dieser Jahreszeit
der Stromverbrauch am geringsten ist, wäre nicht negativ wenn der Faktor der nicht Speicher-
barkeit nicht vorhanden wäre. Außerdem ist die Sonnenenergie wetterabhängig, dass würde
bedeuten, dass bei schlechtem Wetter kein Strom vorhanden wäre.[14]

---

[11] vgl.: http://www.planet-wissen.de/technik/energie/erdoel/pwiewieisterdoelentstanden100.html (22.01.2016)
[12] vgl.: http://www.wirkungsgrad.at/ (21.02.2016)
[13] vgl.: http://www.planet-wissen.de/technik/energie/erdoel/pwiewieisterdoelentstanden100.html bzw..
    http://www.chemie.de/lexikon/Erd%C3%B6l.html (22.01.2016)
[14] vgl. http://www.planet-wissen.de/technik/energie/erdoel/pwiewieisterdoelentstanden100.html (22.01.2016)

2.2.5 Wasserkraft

Wasser ist in Österreich bereits jetzt der wichtigste Energieträger. Es gibt viele verschiedene Kraftwerksarten, welche die Wasserkraft ausnützen (Laufkraftwerk, Speicherkraftwerk, etc.). Allgemein ist Wasserkraft eine sehr günstige Art der Stromerzeugung und die Emissionen sind gleich null. Ebenfalls wird der Rohstoff Wasser nie zu Grunde gehen und wird immer vorhanden sein. Die Nachteile sind allerdings ebenso zahlreich. Zuerst ist ein jedes Wasserkraftwerk ein starker Eingriff in die Natur dar, zum Beispiel durch den Bau von Staudämmen. Zweitens werden die Fische und Wasserlebewesen gefährdet. Dies wird allerdings durch Fischtreppen versucht zu vermindern.[15]

2.2.6 Windenergie

Die Windenergie ist genauso wie die anderen regenerativen Energiequellen kostenlos, reichlich und fast permanent vorhanden. Außerdem benötigen Windkraftanlagen im Vergleich zu vielen anderen Kraftwerksarten relativ wenig Platz. Darüber hinaus werden derzeit auch Windkraftanlagen auf dem Meer errichtet, da dort der Wind ziemlich konstant vorhanden ist. Genau hier liegt das Problem von Windkraftanlagen. Sie können keine konstante Energieversorgung liefern. Denn der Wind weht nicht immer zur richtigen Zeit, am richtigen Ort und mit der richtigen Geschwindigkeit am Standort des Windkraftwerkes vorhanden. Wenn der Wind diesen Kriterien entspricht, muss der erzeugte Strom sofort verbraucht werden, da er nicht direkt gespeichert werden kann.[16]

2.2.7 Atomspaltung

Atomspaltung hat einen großen Vorteil: Es liefert keine schwankende Energie und es wird im Vergleich zu anderen Energiequellen relativ wenig Brennmaterial benötigt. Ebenfalls ist die Atomspaltung nicht schwankenden Faktoren, welche z.B durch Natureinflüsse hervorgerufen werden abhängig. Somit kann im Zeitraum von 90% des Jahres zuverlässig Strom geliefert werden. Allerdings sind bei der Atomspaltung vor allem die Betriebskosten immens. Der Abfall, welcher bei diesen Vorgängen anfällt ist stark radioaktiv und daher gesundheitsgefährdend. Passende Endlager sind bis heute noch nicht ausreichend gefunden oder sicher. Ebenso

---

[15] vgl.: http://strom-infos.net/vor-und-nachteile-der-nutzung-der-wasserkraft.html (22.01.2016)
[16] vgl.: http://www.welt.de/wirtschaft/energie/specials/wind/article8795070/Das-sind-die-Nachteile-und-Vorteile-von-Windenergie.html(23.01.2016)

besteht bei einem Atomkraftwerk immer die Gefahr eines Zwischenfalls und dem daraus resultierenden Strahlungsaustritt.[17]

2.2.8 Zusammenfassung

Zusammenfassend ist zu sagen, dass alle regenerativen und aktuelle nicht regenerative Energiequellen sowohl zahlreiche Vorteile aufweisen, allerdings auch beträchtliche Nachteile. Es ist fraglich ob Kernfusion all diese Probleme lösen könnte.

3. Kernfusion

Der Begriff Kernfusion beschreibt einen Vorgang der zum Beispiel permanent in der Sonne stattfindet. Es ist die Verschmelzung von zwei leichten Atomkernen zu einem schwereren. Bei diesem Vorgang wird sehr viel Energie freigesetzt. Der Nachweis dieser Reaktion gelang erstmals Carl Friedrich von Weizsäcker in den Jahren 1938/39. Trotz der bereits seit Jahrzehnten andauernden Versuche einen wirtschaftlichen Fusionsreaktor zu bauen, ist es bis heute noch nicht gelungen. Daher geht man davon aus, dass Kernfusion erst ab 2050 einen relevanten Anteil an der Energieerzeugung haben wird.[18]

3.1 Vorgänge bei der Kernfusion

Aufgrund der begrenzten Länge dieser Arbeit, wird nicht die genaue Funktionsweise der Kernfusion beschreiben. Daher folgt nur ein grober Überblick mit den wichtigsten Daten und Fakten: Die durch die Verschmelzung frei werdende Energie kann mit dem sogenannten Massendefekt und den unterschiedlichen Kernbindungsenergien erklärt werden. Der mathematische Zusammenhang des Massendefekts erläuterte Albert Einstein. Er erklärte diesen mit folgender Formel $\Delta E = (m_i - m_f)c^2$. Wobei „$m_i$" die Ausgangsmasse und „m_f" die Masse des Endprodukts beschreibt. ΔE ist der Betrag der freigesetzten kinetischen Energie.[19]Aufgrund einer einfachen mathematischen Umformung ergibt sich dann folgende Gleichung $c^2 = \frac{E}{m}$.

---

[17] vgl.: http://www.eduvinet.de/eduvinet/wachten.htm (09.01.2016)
[18] vgl.: Meisl, Thomas: Kernfusion. Ein Überblick. Norderstedt: GRIN Verlag GmbH 2003, S. 3
[19] vgl.: Meisl, Thomas: Kernfusion. Ein Überblick. Norderstedt: GRIN Verlag GmbH 2003, S. 4

Die Lichtgeschwindigkeit „c" ist aufgrund der Relativitätstheorie eine Naturkonstante, da sich also die Masse des Atomkerns bei der Fusion verringert, wird Energie freigesetzt.[20]

3.2 Brennstoffe der Kernfusion

Bei der Kernfusion werden grundsätzlich zwei Wasserstoffatome zu einem Heliumatom verschmolzen. Allerdings wird Wasserstoff in Form von Isotopen benötigt. Um die Kernfusion zu ermöglichen, müssen die Wasserstoffatome ein bzw. zwei Neutronen besitzen. Bei der Fusion werden deshalb zwei verschiedene Wasserstoffatome verschmolzen. Jenes, welches mit einem Neutron angereichert wurde wird Deuterium genannt. Das zweite, welches mit zwei Neutronen angereichert wird, wird als Tritium bezeichnet. Die chemische Reaktionsgleichung lautet: $^2H + {}^3H \longrightarrow {}^4He + {}^1n + 17{,}588 MeV$. Die bei dieser Funsion entstehende radioaktive Strahlung kann wiederum zur Erhitzung von Plasma verwendet werden, was später noch erklärt wird.[21]

3.3 Gewinnung der Brennstoffe

3.3.1 Deuterium:

Deuterium ist ein hochentzündliche,s farbloses Gas. In der Chemie wird das Symbol ^2H verwendet. Das natürliche Vorkommen beträgt ca. 0,015% von natürlichem Wasserstoff. Man geht davon aus, dass es bereits beim Urknall entstanden ist. Allerdings kommt Deuterium nur in gebundener Form im natürlichen Wasserstoff vor. Daher muss es erst gelöst werden, um dann verwendet werden zu können. Normalerweise wird dafür der sogenannte „Girdler-Sulfid-Prozess" verwendet. Hierbei bindet das Deuterium bei niedrigen Temperaturen an Wassermolekühlen, bei hohen löst es sich. Danach muss das Gemisch aus H_2O (Wasser), HDO (Hydrodeuteriumoxid) und D_2O (Deuteriumoxid) nur noch destilliert werden. [22]

3.3.2 Tritium:

Die chemische Formel für Tritium lautet ^3H. Dieses Wasserstoffisotop ist mit zwei Neutronen angereichert. Allerdings ist es sehr instabil und hat eine Halbwertszeit von 12,32 Jahren was Radioaktivität zur Folge hat. Es kann durch den Beschuss von einem ^6Li-Target mit Neutro-

[20] vgl.: Estl, Michael: Der Fusionsreaktor-Ablauf der Kernfusion und Reaktorkonzepte. Norderstedt: GRIN Verlag GmbH 2010, S. 3
[21] vgl.: Estel, Michael: Der Fusionsreaktor-Ablauf der Kernfusion und Reaktorkonzepte. Norderstedt: GRIN Verlag GmbH 2010, S.4
[22] vgl.: http://www.chemie.de/lexikon/Deuterium.html (15.01.16)

nen hergestellt werden. Außerdem kann es mittels die Extraktion aus dem Kühlwasser von Schwerwasserreaktoren gewonnen werden, da es hier als Abfallprodukt anfällt. [23]

3.4 Kernfusion im Reaktor

In den folgenden Kapiteln geht es um die Funktionsweise der Reaktoren unter der Verwendung verschiedener Techniken und deren Probleme. Außerdem wird der Zusammenhang von Kernkraft und Österreich dargestellt.

3.4.1 Funktionsweise von Reaktoren mit magnetischem Einfluss

Die wichtigsten Kriterien, welche ein solcher Reaktor erfüllen muss sind: ein entsprechend hoher Druck, hohe Temperatur (ca. 100 Millionen Kelvin) und eine effiziente Einschlusszeit (das ist die Zeit, in der der Plasma-Zustand konstant aufrecht erhalten werden muss). Diese Kriterien werden auch Lawsonkriterien genannt. Sind diese Kriterien erfüllt, soll ein selbstbrennendes Plasma erzeuget werden. Dieses Plasma ist notwendig, da sich Elektronen und Atomkerne nur in diesem „vierten" Plasmaaggregatzustand unabhängig voneinander bewegen und zusammenstoßen können. Um den Plasmastrom kontrollieren zu können, werden Magnetspulen verwendet. Durch das Magnetfeld wird der Plasmastrom im Inneren des Reaktors gehalten und stößt nicht an die Außenwand. Diese spielt eine sehr wichtige Rolle. Diese muss einerseits die gefährliche Strahlung absorbieren und gleichzeitig die Anlage kühlen. Allerdings gibt es hierbei noch immer keinen Plasmastrahl, der das nötige, homogene Magnetfeld errichtet um eine Fusion zu starten. Um ein solches Plasmafeld zu erzeugen, gibt es zwei verschieden Methoden: Die erste Methode ist das sogenannte Tokamak-Konzept. Bei diesem Konzept wird der „Pinch-Effekt" genützt. Laut diesem zieht sich der Plasmastrom zusammen, sobald man durch ihn starken Strom durchleitet. Während eines solchen Stromdurchlaufs entsteht die so genannte „Ohmsche Wärme". Das ist auf die beiden Tatsachen zurückzuführen, dass das Plasma einen Widerstand bildet. Sobald der Strom auf einen Widerstand trifft, entsteht Wärme. Ebenso entsteht α –Strahlung, wodurch sich die Temperatur erhöht wird. Aktuelle Reaktoren, wie JET, nähern sich bereits der 5s Marke, in der der Plasmastrom dieses Magnetfeld erzeugt. Die zweite Möglichkeit ist das Stellarator Konzept. Bei diesem Konzept verzichtet man auf den „Pinch Effekt". Stattdessen wird durch eine komplexe Formgebung und Anordnung der Magnetspulen das komplette Magnetfeld so verbessert, dass das Plasma eine höhere Kompression aufweist. Das Problem dieses Konzepts ist, dass noch nicht dieselbe Leistung wie beim Tokamak erzeugt werden kann und es noch viele technische

---

[23] vgl.: http://www.chemie.de/lexikon/Tritium.html (15.01.16)

Schwierigkeiten gibt. Beim Kernfusionsreaktor ITER werden sowohl die Eigenschaften eines Tokamak Reaktors verwendet als auch die Eigenschaften eines Stellarator Reaktors. ITER muss allerdings zuerst noch die Lawson Kriterien erfüllen. [24]

3.4.2 Mögliche Fehlerquellen

Es gibt einen gravierenden Grund, der die ganze Kernfusion lahm legen kann und zwar, dass ein längerer selbstbrennender Plasmastrom ausbleibt. Dies hat verschiedene Gründe. Zum Beispiel kann eine Verunreinigung des Plasmas diesen Effekt verursachen. Die Dichte des Plasmas wird verringert und Unregelmäßigkeiten werden verursacht. Das „Worst Case Szenario" wäre ein Strömungsabriss. Außerdem kann es zu Beschädigungen des Materials oder zur Störung der Magnetfelder kommen.[25]

3.4.3 Reaktoren mit Trägheitseinschluss

Neben den Reaktoren, die mit Plasmastrahlen arbeiten, wird auch ein Reaktorkonzept verwendet, welches das Trägheitseinschluss-Prinzip verwendet. Das Ziel dieses Reaktors ist es, die Abwärme von „Mini H-Bomben" zu verwenden. Da auch hier die Lawsonkriterien erfüllt werden müssen, verwendet man einen Laser. Die Brennstoffe sind dieselben wie bei Reaktoren mit magnetischem Einfluss: Tritium und Deuterium. Diese werden unter hohem Druck in kleine Plastikkugeln (Pellets) gefüllt. Im nächsten Schritt werden diese so lange herunter gekühlt, bis das Gas flüssig wird und an den Wänden der Plastikkugeln gefriert. Nun werden diese in eine spezielle Brennkammer geleitet und mit einem Hochleistungslaser beschossen. Aufgrund der Hitze verdampft die äußere Plastikhülle und erzeugt dabei einen dementsprechenden Explosionsdruck. Dieser ist in alle Richtungen gleich und presst die äußere gefrorenen Deuterium-Tritium Schicht nach innen und verdichtet somit das flüssige Deuterium-Tritium Gemisch weiter. Dabei entsteht die nötige Temperatur und der nötige Druck. Die dadurch frei werdende Fusionsenergie breitet sich nach außen aus und sprengt das gefrorene D-T Gemisch. Die hierbei kurzfristig auftretende thermische und nukleare Strahlungsenergie erhitzt die Wände der Brennkammer. Diese kann durch einen Wärmetauscher wieder verwen-

---

[24] vgl.: Estel, Michael: Der Fusionsreaktor-Ablauf der Kernfusion und Reaktorkonzepte. Norderstedt: GRIN Verlag GmbH 2010, S.7
[25] vgl.: Estel, Michael: Der Fusionsreaktor-Ablauf der Kernfusion und Reaktorkonzepte. Norderstedt: GRIN Verlag GmbH 2010, S.8

det werden. Allerdings wird derzeit an einer Schwerionenkanone geforscht, da diese nicht so anfällig für radioaktive Strahlung ist wie ein Hochleistungslaser.[26]

3.5 Kernkraft in/aus Österreich

Grundsätzlich wollte Österreich in den 1960er Jahren mit dem Bau eines Reaktorzentrums und des Forschungsreaktors ASTRA in die Atomenergie einsteigen. In den 1970er Jahren wurden drei AKWs geplant. Von diesen wurde allerdings nur jenes in Zwentendorf erbaut, welches jedoch nie in Betrieb ging. Da Österreich nicht mehr auf Atomkraft setzt hat es sich viele Diskussionen über die Laufzeit bzw. Entsorgung der Brennstoffe erspart. Durch den EU-Beitritt ist Österreich nun auch im Euratom Projekt, welches später in der Arbeit noch genauer beschrieben wird. Allgemein will Österreich einen europaweiten Ausstieg aus der Atomkraft, was allerdings nicht möglich sein wird. Wer jedoch glaubt, dass in Österreich nur „sauberer" Strom fließt, täuscht sich. Denn durch die Importe von Strom gelangen auch ca. 12% Atomstrom nach Österreich. Dies wollte man durch bestimmte Gesetze, Kennzeichnungen, von welcher Quelle der Strom kommt, verhindern, was allerdings nicht möglich war.[27]

4. ITER

4.1 Generelles über ITER

Zuerst ist wichtig zu klären, was der Begriff ITER überhaupt bedeutet. Das I bedeutet „International", T bedeutet „Thermonuklear", E steht für „Experimental" und das R steht für „Reaktor". Also ein „Internationaler Thermonuklean Experimental Reaktor".[28]ITER ist der bislang größte je gebaute Fusionsforschungsreaktor der Welt. An dem Projekt ITER sind derzeit 35 Nationen beteiligt. Bei der „Geneva Superpower Summit" im November 1985, wurde unter Anwesenheit vom französischen Präsident Mitterand, dem englischen Prime Minister Thatcher, dem General Secretary Gorbachev und dem amerikanischen Präsident Reagen die Idee zu einem gemeinsamen Projekt der Kernfusion beschlossen. Der erste Entwurf entstand 1988. Der Ort für ITER wurde nach langen Verhandlungen 2005 mit Saint Paul-lez-Durance (ca. 70

---

[26] vgl.: Estel, Michael: Der Fusionsreaktor-Ablauf der Kernfusion und Reaktorkonzepte. Norderstedt: GRIN Verlag GmbH 2010, S.9
[27] vgl.: https://de.wikipedia.org/wiki/Liste_der_Kernreaktoren_in_%C3%96sterreich (06.02.2016)
[28] vgl.: Schneider, A.:ITER-Kernfusion verspricht ewige Energie. München: GBI-Genius 2015, S. 4/5

km nord-östlich von Marseille) festgelegt. Das Ziel von ITER ist 500MW in 400s durch Fusion zu erzeugen.[29]

Die Baufläche des Internationalen Thermonuklearen Experimentalreaktors beträgt 60 Fußballfelder. Es sind Tausende Physiker daran beteiligt ebenso wie bis zu 5000 Bauarbeiter. 2,5 Millionen Kubikmeter Erdmaterial wurden bewegt. Weiters benötigte man 18 Magnetspulen, von denen jede einzelne 360 Tonnen wiegt. Ebenso 80.000 Kilometer supraleitender Draht wurden verlegt.[30]

Abb.1[31] „Luftaufnahme vom ITER Forschungsreaktor"

4.2 Sinnhaftigkeit

Die Frage, ob sich dieses immense Projekt auszahlt, ist sehr umstritten. Vor allem auf Seiten der EU-Kommission gibt es immer mehr Kritik. Vor allem die Finanzierungsstruktur und die Organisation werden kritisiert. Die Gesamtkosten sind seit 2001 von 5,9 auf 16 Milliarden Euro angestiegen. Derzeit werden 45 Prozent des Projekts aus Europa finanziert. Um dies zu verändern, schlägt die EU-Kommission eine andere Möglichkeit vor. Sie will einen jährlichen fixen Beitrag aus dem EU-Budget. Wodurch die EU für keine Fehlbeträge mehr aufkommen soll. Der zweite Kritikpunkt ist die Struktur. Hier will die Kommission mehr Stimmrecht, da

---

[29] vgl.: http://www.iter.org/proj/inafewlines (27.12.15)
[30] vgl.: http://www.welt.de/wissenschaft/article111727578/Der-Traum-von-endloser-Energie-aus-Kernfusion.html (27.12.15)
[31] vgl.: http://www.iter.org/img/crop-2000-90/all/content/com/gallery/media/4%20-%20aerial/2015/

sie nur 5 von 70 Stimmen besitzen und dies in keiner Relation zum Anteil an der Finanzierung steht.[32]

Die Vorteile, welche ich später noch genauer erläutern will sind zahlreich. Ob sie allerdings dieses Milliardenprojekt wert sind, muss jeder für sich selbst entscheiden. Außerdem ist es sicherlich ein großer Vorteil für die Kooperation zwischen den verschiedenen Ländern und deren Zusammenarbeit.

5. Wendelstein 7-X

Neben ITER ist Wendelstein 7-X derzeit der zweitgrößte Reaktor und befindet sich in Mecklenburg-Vorpommern. Der Bau dieses Testreaktors dauerte circa 10 Jahre, deutlich kürzer als ITER. Insgesamt waren 450 Mitarbeiter aus der ganzen Welt beteiligt. Da er kleiner ist als ITER, ist er auch weitaus leichter zu bedienen. Allerdings stiegen auch bei diesem Projekt die zu Beginn festgelegten Kosten enorm. Von den zuerst veranschlagten 500 000 Millionen Euro, stiegen sie auf rund eine Milliarde. Er funktioniert nach dem bereits in 3.4.1 erwähnten Stellarator-Prinzip. Im Gegensatz zu ITER, welcher nach dem Tokamak-Prinzip funktioniert, kann Wendelstein ein beliebig langes Magnetfeld erzeugen. Der Ring hat einen Durchmesser von 16 Metern und wiegt 700 Tonnen. Im Gegensatz zu ITER ist es im Wendelstein bereits am 10.12.2015 gelungen einen ersten Plasmastrom zu erzeugen, welcher eine Zehntelsekunde bestand und dessen Bestandteil Helium war. Dieser Durchbruch war in der Kernfusionsforschung ein weltweiter Erfolg. Es ist jedoch zu berücksichtigen, dass dieser Reaktor nicht zur Verschmelzung von Atomen ausgelegt ist. Man will nur die optimalen Bedingungen für diese erforschen[33]

6. Entwicklung der Kernfusion

6.1 Erste Versuche mit Kernfusion zu arbeiten

Basierend auf der Wasserstoffbombe als Beweis für die technische Möglichkeit, wurde deshalb mit der Forschung begonnen, da in der Wasserstoffbombe die Fusion unkontrolliert ab-

---

[32] vgl.: http://derstandard.at/1289608638128/Fusionsreaktor-Projekt-ITER-unter-verstaerktem-Sparzwang (27.12.15)

[33] vgl.: http://www.spektrum.de/news/heisser-als-im-zentrum-der-sonne/1389239 (02.02.2016) bzw. http://www.zeit.de/wissen/2015-12/wendelstein-7-x-kernfusion-greifswald-experiment-fusionsreaktor (02.02.2016)

läuft. Die ersten Versuche einen Reaktor zu bauen, wurden von den USA, der ehemaligen Sowjetunion und Großbritannien durchgeführt. Allerdings unabhängig voneinander und unter strengster Geheimhaltung. Aufgrund der unterschätzten Schwierigkeiten begann eine internationale Zusammenarbeit. Hierbei behandelte man nicht die Probleme des Baus eines Reaktors, sondern das Hauptproblem der damaligen Forscher, die Plasmaphysik selbst.[34]

6.2 Derzeitige Problematik der Kernfusion

Obwohl bereits seit 50 Jahren an der Kernfusion geforscht wird, hat man bis jetzt noch nicht alle Probleme gelöst. Heutzutage ist nicht mehr die Plasmaphysik (der Plasmastrom) das Hauptproblem, sondern die Praktikabilität und die Wirtschaftlichkeit sind die größten Probleme.

> *„Dazu müssen die Plasmaströme größer werden (500 bis 1500 Kubikmeter) um mehr Abwärme zu erzeugen. Dann müssen die Ströme stetiger werden und dürfen nicht in zerstörerischen Disruptionen abreißen. Weiterhin muss die Zuführung des Brennstoffs technisch gelöst werden."[35]*

Da dies derzeit nicht absolut zuverlässig garantiert werden kann, eignet es sich noch nicht für ein Grundlast-Kraftwerk- All diese Probleme sind allerdings lösbar, wenn die Förderungen und politischen Entscheidungen dies begünstigen. Ein zweites Problem, derzeit aktueller als je zuvor sind Terrorprobleme. Da ein Fusionsreaktor nur arbeiten kann, wenn ein Plasmastrom vorhanden ist und dieser bereits bei einem kleinen Zwischenfall abreißen würde, kann auch ein „Supergau" ausgeschlossen werden. Damit wäre eine Terrorattacke keine direkte Gefahr.[36]

6.3 Euratom

Euratom wurde am 25.3.1957 gegründet. Sie ist seit 2010 eine eigenständige Internationale Organisation, teilt allerdings mit der EU sämtliche Organe. Der Vertrag, welcher alle Mitgliedländer, betrifft umfasst sechs Titel, fünf Anhänge und sechs Protokolle. Außerdem ist er in Präambeln gegliedert. Durch den Beitritt zu EU betrifft dieser Vertrag auch Österreich. Die

---

[34] vgl.: Meisl, Thomas: Kernfusion.Ein Überblick. Norderstedt: GRIN Verlag GmbH 2003, S.3
[35] Estel, Michael: Der Fusionsreaktor-Ablauf der Kernfusion und Reaktorkonzepte. Norderstedt: GRIN Verlag GmbH 2003, S.10
[36] vgl.: Estel, Michael: Der Fusionsreaktor-Ablauf der Kernfusion und Reaktorkonzepte. Norderstedt: GRIN Verlag GmbH 2003, S.10

Dauer des Vertrags ist unbeschränkt und es gab im Laufe der Zeit kaum substanzielle inhaltliche Veränderungen. Die Zielsetzung wird in Artikel 1 klar formuliert: Sie soll vor allem die Entwicklung von Kernindustrie fördern und zur Hebung der Lebenshaltung beitragen. Ebenso zur Entwicklung der Beziehungen zwischen den EU-Ländern. Themen welche vor allem angesprochen werden sind: Förderung der Forschung, Verbreitung der Kenntnisse, Schutz, Investitionen, Ausgangstoffe, Sicherheit und Entsorgung. In allen Mitgliedsstaaten gibt es eine permanente Überwachung, welche alle Daten an einen zentralen Ort in der EU schicken.

Derzeit sind drei EU-Institutionen verantwortlich: Der Kommissar für Energie, im Parlament der Ausschuss für Industrie, Forschung und Energie sowie der der Rat für Verkehr, Telekommunikation und Energie. Um die Fördermittel der EU zu erhalten, werden Rahmenprogramme erstellt, welche die Verwendung des Geldes aufzeigen. Das derzeit aktuelle siebte Programm umfasst Maßnahmen im Bereich der Forschung, technologische Entwicklung, Verbreitung und Verwertung sowie Ausbildung. Für diese Umsetzung wurden von 2007-2010 ca 3092 Mio. Euro aus EU-Geldern investiert.[37]

6.4 Euratom und Österreich

Österreich ist seit 1.1.1995 Mitglied bei Euratom. Dies gibt Österreich verschiedene Rechte. Zum Beispiel das Mitreden bei Reformen, sowie Verpflichtungen was dazu führte dazu, dass bereits 2007 63% aller Österreicher einen Ausstieg aus Euratom befürworteten. 2008 waren es bereits 78%. Der Plan Österreichs, eine atomfreie Politik europaweit durchzusetzen, ist gescheitert. Von Österreich alleine wurden 2004 40 Millionen Euro bereit gestellt. Als im November 2010 die Richtlinie kam, dass jeder Staat einen Plan zur Endlagerung vorlegen muss, hat es fast allen Österreichern gereicht. Warum sollten wir Müll entsorgen, den wir nicht produzieren?[38]

7 Kernspaltung vs. Kernfusion

Sowohl bei der Kernspaltung als auch bei der Kernfusion ist die Kernenergie ausschlaggebend. Der Unterschied zwischen den beiden Arten, wie die Kernenergie ausgenützt wird, liegt darin, dass bei der Kernspaltung ein Atomkern gespalten wird. Dieser Prozess ist eine Kettenreaktion und nur sehr schwer kontrollierbar. Kernfusion hingegen nützt die frei werdende

[37] vgl.: https://de.wikipedia.org/wiki/Europ%C3%A4ische_Atomgemeinschaft (19.01.16)
[38] vgl.: http://www.bmi.gv.at/cms/bmi_wahlen/volksbegehren/files/euratom_text_begr.pdf (06.02.2016)

Energie bei der Verschmelzung von zwei Atomen, dieser Prozess ist keine Kettenreaktion. Es muss zuerst Energie zugeführt werden, um den Prozess in Gang zu setzen.

7.1 Radioaktivität im Zusammenhang mit Kernenergie

Um den größten Nachteil der Kernspaltung, beziehungsweise ein großes Problem der Kernfusion zu verstehen, ist es wichtig den Begriff Radioaktivität zu klären. Radioaktivität beschreibt den Vorgang, bei dem sich ein instabiler Atomkern unter Energiefreigabe umwandelt. Der Zeitraum, in welchem sich der Ausgangstoff halbiert, wird Halbwertszeit (T) genannt. Die dabei freiwerdende Energie wird in Form von ionisierender Strahlung abgegeben. Die Strahlungsarten können in drei Arten unterschieden werden: Alpha-Strahlung, Beta-Strahlung und Gamma-Strahlung. Für den Menschen sind allerdings nur Alpha und Beta Strahlung gefährlich, da sie im Körper die Bindungen zwischen Molekülen aufbrechen können und daher Krebszellen entstehen können. Bei der Kernspaltung ist die Alpha-Strahlung von Relevanz, da Uran 238 (T=4,468 Milliarden Jahren) dafür verwendet wird und diese ausstrahlt. Sie ist für den Menschen am gefährlichsten, da sie den Körper nicht durchdringt und daher die Dosis auf einen sehr kleinen Teil des Körpers wirkt. Bei Kernfusion ist die Beta-Strahlung von großer Relevanz. Allerdings ist die hier entstehende Halbwertszeit eine eher kurze Halbwertszeit. Das Problem ist, dass die Halbwertszeit weder physikalisch noch chemisch beeinflusst werden kann. Je kleiner die Halbwertszeit ist umso kürzer wäre der Zeitraum indem Gegenstände radioaktiv wären.[39]

7.2 Vorteile der Kernspaltung

Der größte Vorteil der Kernspaltung ist, dass wenig Brennstoff benötigt wird und es nur sehr geringe CO_2 Emissionen gibt. Es kann bereits mit einer geringen Mengen an Brennstoff eine große Menge an Energie erzeugt werden. Nur etwa 20% der Kosten für die erzeugte Energie entfällt auf Uran. Ein zweiter, sehr wichtiger, Vorteil von Kernspaltung ist die Konstanz der Energie. 90% der Stunden eines Jahres ist es möglich, durch Kernspaltung elektrische Energie zu erzeugen. Dadurch können Preisschwankungen wie etwa bei Öl vermieden werden. Au-

---

[39] vgl.: http://www.chemie.de/lexikon/Radioaktivit%C3%A4t.html (02.02.2016)

ßerdem ist Kernenergie nicht von Natureinflüssen abhängig, wie es zum Beispiel Solarkraftwerke sind.[40]

7.3 Nachteile der Kernspaltung

Natürlich hat auch Kernspaltung Nachteile. Einer davon ist, dass kein AKW zu 100% sicher ist. Es besteht eine permanente Gefahr eines Super-GAUs. Bei einem solchen Zwischenfall können auf Grund der Strahlung ganze Landschaftsgebiete unbewohnbar gemacht werden. Ein zweiter sehr großer Nachteil ist, dass es derzeit kein Endlager für den anfallenden Müll gibt. Außerdem könnte abgespaltenes Plutonium zu Herstellung von Atomwaffen verwendet werden.[41] Die Energiequelle, welche für die Kernspaltung verwendet wird, ist begrenzt. Je nach der Höhe der Nachfrage wird der Vorrat noch für etwa 30-60 Jahre anhalten. Weiterhin benötigt man für den Bau eines AKWs 20-30 Jahre und hat aufgrund der Strahlung nur eine Lebensdauer von ca. 70 Jahren. Ein bereits stillgelegtes Atomkraftwerk kann nur mehr sehr schwer abgerissen werden, da es trotz der Stilllegung radioaktiv weiterstrahlt.[42]

7.4 Vorteile der Kernfusion

Die Vorteile der Kernfusion sind weitreichend. Im Gegensatz zu chemischen Reaktionen, wie zum Beispiel bei der Verbrennung von Kohle, kann bei der Kernfusion vier Millionen mal mehr Energie gewonnen werden, mit der gleichen Menge an Brennstoff. Darüber hinaus sind die Fusionsbrennstoffe nahezu unerschöpflich. Ein gemeinsamer Vorteil mit der Kernspaltung ist, dass kein CO_2 freigesetzt wird. Der radioaktive Müll, welcher bei der Fusion entsteht, kann in circa 100 Jahren abgebaut werden und strahlt nicht ewig, sowie bei der Kernspaltung. Außerdem ist die, im Ofen gespeicherte, Energie sehr klein und kann sich dadurch selbst auslöschen. Der Prozess der Fusion ist stabil, weshalb keine unkontrollierbare Kettenreaktion und daraus folgende Explosionen möglich sind.[43]

7.5 Nachteile der Kernfusion

Im Gegensatz zu den Vorteilen fallen die Nachteile nur sehr gering an. Um ein wirklich wirtschaftliches Kernfusionskraftwerk zu bauen benötigt es mindestens eine Größe von 1GW$_{el}$. Der Brennstoff Tritium, welcher verwendet wird ist stark radioaktiv und muss sicher verwahrt

---

[40] vgl.: http://kernenergie.technology/vor-und-nachteile-der-kernenergie.html (29.12.15)
[41] vgl.: http://www.energievergleich.de/energie-lexikon/kernenergie/(30.12.15)
[42] vgl.: http://kernenergie.de.tl/Nachteile.htm (30.12.15)
[43] vgl.: Rapp, Harald: Energieversorgung im Wandel. Berlin: Pro BUSINESS GmbH 2012, S.21

werden. Ein Nachteil der eher die Kosten betrifft ist, dass manche Strukturbauteile nur eine sehr geringe Lebensdauer haben und daher oft ausgewechselt werden müssen.[44]

7.6 Kosten und Effektivität der Kernspaltung

Die Kosten der Kernspaltung sind im Gegensatz zu anderen Energieträgern eher günstig. 1 kg Uran 235, welches für die Spaltung verwendet wird, erzeugt etwa $8,38 * 10^{10}$ kj, das sind 2400 MWh. Zur Erzeugung der gleichen Energie mit anderen Energieträgern, benötigt man, zum Beispiel, 3000 Tonnen Steinkohle. Ein kWh kostet bei der Kernspaltung 2,65 Cent. Der Jahresbedarf an Uran beträgt 68000 Tonnen jährlich. Die Förderkosten für 7,36 Mio. Tonnen betrugen zwischen 80-130USDoller per kg. Ebenso gibt es noch 22 Mio. Tonen Uran, welches in Meerwasser und in Phosphaten eingeschlossen ist und mit Förderkosten von 100-300 US Dollar mit sich bringt.[45]

7.7 Kosten von ITER/Kernfusion

Im Zusammenhang mit Kosten und ITER fallen oft Begriffe wie „Geldvernichtungsmaschine" oder Kostenexplosion. Doch sind die Kosten wirklich so extrem? Ein sinnvoller Wirkungsgrad eines Kernfusionskraftwerks kann derzeit nicht festgelegt werden, da es schlicht und ergreifend noch keines gibt. Daher ist auch die Effektivität noch unbekannt. Man vermutet allerdings, dass sie einen viel höheren Wirkungsgrad als AKWs mit Kernspaltung haben werden. Die Kosten im Zusammenhang mit Kernfusion sind momentan zum Großteil die finanziellen Mittel zur Forschung. Die Gesamtkosten für ITER sind bereits weit über den zu Beginn beschlossenen Geldbetrag hinausgeschossen. Wenn ITER einmal fertig ist, sind allein circa 7,5 Milliarden Euro von der EU investiert worden. Und dies sind nur 45% der Gesamtkosten.[46]

---

[44] vgl.: Rapp, Harald: Energieversorgung im Wandel. Berlin: Pro BUSINESS GmbH 2012, S.22
[45] vgl.: http://www.pa.msu.edu/~bauer/Energie/PDFs/Kernspaltung.pdf (17.01.16)
[46] vgl.: http://blog.zeit.de/gruenegeschaefte/2012/05/09/die-kraft-der-sonne/ (31.12.15)

8. Zukunftsaussichten

8.1 Hat Kernfusion eine Zukunft

Ob Kernfusion jemals wirklich eine Zukunft haben wird, steht noch in den Sternen. Vor allem auch deshalb, weil das gesamte Projekt sehr komplex ist und mit damit verbundenen Problemen sehr zu kämpfen hat. Außerdem ist das gesamte Thema Kernfusion immer noch im Experimentierstadium.

8.2 Ab wann wird sich ITER rentieren?

Kritiker behaupten, dass sich ITER finanziell nie auszahlen wird und auch die Ziele nicht erreichen wird. Laut der Grünen Energieexpertin Rebecca Harms stehen die Kosten in keinem Verhältnis zum Aufwand. Man solle eher das Geld in natürliche Energieentwicklung investieren. Eine wirkliche Nutzung von Kernfusion wird erst in ca. 50 Jahren möglich sein. Dass es sich allerdings wirtschaftlich auszahlt, soll vom ITER-Projekt bereits in 30 Jahren bewiesen werden.[47]

8.3 Mögliche andere Energiequellen

Andere als die erwähnten Energiequellen zur Gewinnung von elektrischem Strom sind nicht ausreichend erforscht. Allerdings wird in den nächsten Jahren eine immense Entwicklung im Bereich der Kraftstoffe stattfinden, ein großer Teil der Erdöl Vorräte verbraucht sein wird. Derzeit wird an einigen verschiedenen Möglichkeiten experimentiert, wozu man allerdings auch wieder elektrische Energie benötigt. Diese wären: Biokraftstoff, Kompogas, Biodiesel, Bioethanol und sogar Holzabfälle. Diese würden zwar den herkömmlichen Treibstoff ersetzten, müssen aber auch erst produziert werden bzw. zur Verbrennung gebracht werden.[48]

---

[47] vgl.: http://www.t-online.de/nachrichten/wissen/id_14310314/kernfusion-risiken-und-chancen-der-neuen-technik.html (21.01.2016)
[48] vgl.: https://www.energie-lexikon.info/quellen_effizienz_oder_verzicht.html (21.01.2016)

9. Fazit

Während meiner Arbeit habe ich mich sehr genau mit dem Thema Kernfusion und dessen Praxistauglichkeit auseinandergesetzt. Immer wieder sind neue Aspekte aufgetaucht, welche ich zu Beginn meiner Arbeit nicht im Sinn hatte. Warum helfen auf einmal alle Nationen zusammen? Wieso benötigt man bereits 70 Jahre alleine für einen Forschungsreaktor? Diese Fragen sind nur ein paar, welche sicherlich auch noch in den nächsten Jahren viele Menschen bewegen werden.

Erschreckend ist, dass den Staaten bereits seit Jahrzehnten bekannt war, dass die natürlichen Energiequellen zu Ende gehen werden. Erst um fünf vor zwölf wird nach einer Lösung gesucht! Ob diese Lösung nun Kernfusion sein wird, wage ich zu bezweifeln. Bis diese wirklich Effizient arbeiten wird, werden sicherlich noch Jahrzehnte ins Land ziehen. Sicherlich würde Kernfusion unser Energieproblem langfristig lösen, doch werden andere regenerative Energiequellen genauso wichtig werden. Kernspaltung reicht heutzutage auch noch nicht aus um den gesamten Bedarf zu decken. Ich bin der Meinung, dass die Versuche sicherlich ein wichtiger Schritt in die richtige Richtung sind, allerdings noch viel und ausgiebig daran geforscht werden muss.

Literaturverzeichnis

Estel, Michael: Der Fusionsreaktor-Ablauf der Kernfusion und Reaktorkonzepte. Norderstedt: GRIN Verlag GmbH 2003

Meisl, Thomas: Kernfusion. Ein Überblick. Norderstedt: GRIN Verlag GmbH 2003

Rapp, Harald: Energieversorgung im Wandel. Berlin: Pro BUSINESS GmbH 2012

Internetquellen

http://blog.zeit.de/gruenegeschaefte/2012/05/09/die-kraft-der-sonne/ (29.12.15)

http://de.atomkraftwerkeplag.wikia.com/wiki/%C3%96sterreich (23.01.2016)

http://de.statista.com/infografik/2338/brutto-verbrauch-und-foerderung-von-steinkohle-in-der-eu-(09.01.16)in-kilotonnen/ (09.01.16)

http://derstandard.at/1277338530031/Euratom---Umstrittene-Gemeinschaft (19.01.16)

http://derstandard.at/1289608638128/Fusionsreaktor-Projekt-ITER-unter-verstaerktem-Sparzwang (29.12.15)

http://ec.europa.eu/eurostat/statistics-explained/images/6/68/Production_of_primary_energy%2C_EU-28%2C_2013_%28%25_of_total%2C_based_on_tonnes_of_oil_equivalent%29_YB15-de.png (09.01.16)

http://ec.europa.eu/eurostat/statistics-explained/index.php/Consumption_of_energy/de (09.01.16)

http://energiereporter.com/nachrichten-energie/35-kernfusion-113 (02.02.16)

http://gutezitate.com/zitat/107522
https://homepage.univie.ac.at/peter.weish/schriften/oesterreich_und_die_atomkraft.pdf (23.01.2016)

http://kernenergie.technology/vor-und-nachteile-der-kernenergie.html (29.12.15)

http://oesterreichsenergie.at/daten-fakten/statistik/stromerzeugung.html (09.01.16) http://www.bmi.gv.at/cms/bmi_wahlen/volksbegehren/files/euratom_text_begr.pdf (19.01.16)

http://www.chemie.de/lexikon/Radioaktivit%C3%A4t.html (02.02.2016)

http://www.chemie.de/lexikon/Tritium.html (15.01.16)

http://www.eduvinet.de/eduvinet/wachten.htm (09.01.16)

http://www.eduvinet.de/eduvinet/wachten.htm (21.01.2016)

http://www.erkenntnis.pub/fantenhausen/albert.jpg (15.01.16)

http://www.pa.msu.edu/~bauer/Energie/PDFs/Kernspaltung.pdf (11.01.16)

http://www.planet-wissen.de/technik/energie/erdoel/pwiewieisterdoelentstanden100.html (22.01.2016)

http://www.spektrum.de/news/heisser-als-im-zentrum-der-sonne/1389239 (02.02.2016)

http://www.spiegel.de/wissenschaft/natur/kohle-wird-wichtigster-energietraeger-der-welt-noch-vor-oel-a-946168.html (21.01.2016)

http://www.sueddeutsche.de/wissen/bodenschaetze-wie-lange-noch-1.166639-5 (09.01.16)

http://www.t-online.de/nachrichten/wissen/id_14310314/kernfusion-risiken-und-chancen-der-neuen-technik.html (21.01.2016)

http://www.umweltbundesamt.at/umweltsituation/energie/energie_austria/aufteilung (12.12.15)

http://www.welt.de/wirtschaft/energie/specials/wind/article8795070/Das-sind-die-Nachteile-und-Vorteile-von-Windenergie.html (23.01.2016)

http://www.welt.de/wissenschaft/article122644763/Erdoel-Kohle-und-Erdgas-bleiben-Hauptlieferanten.html (21.01.2016)

http://www.wirkungsgrad.at/ (21.02.2016)

http://www.zeit.de/wissen/2015-12/wendelstein-7-x-kernfusion-greifswald-experiment-fusionsreaktor (02.02.2016)

https://www.energie-lexikon.info/quellen_effizienz_oder_verzicht.html (21.01.2016)

https://www.igwindkraft.at/?mdoc_id=1029355 (23.01.2016)

www.parlament.gv.at/PAKT/VHG/XX/J/J_00745/fname_118220.pdf (29.12.15)

Abbildungsverzeichnis

Abb.1: http://www.iter.org/img/crop-2000-90/all/content/com/gallery/media/
4%20-%20aerial/2015/aerial_colin_general_platform_3.jpg (27.12.15)